Stefan Georg

20 Tipps zum Schreiben einer wissenschaftlichen Arbeit (Thesis, Seminararbeit)

Inhaltsverzeichnis

Vorinformationen 5

Tipp 1: Finden Sie ein geeignetes Thema! 7

Tipp 2: Führen Sie eine umfassende Recherche
durch! 9

Tipp 3: Erstellen Sie ein Grobkonzept Ihrer
Ausarbeitung! 11

Tipp 4: So überzeugt die Einleitung einer
wissenschaftlichen Arbeit! 12

Tipp 5: Ohne logische Konsistenz kommt der
Hauptteil Ihrer Arbeit nicht aus! 14

Tipp 6: Schreiben Sie ein spannendes
Schlusskapitel! 16

Tipp 7: Bleiben Sie stets plausibel und
nachvollziehbar! 17

Tipp 8: Achten Sie auf das durchgängige Layout
Ihrer Arbeit! 18

Tipp 9: Diese formalen Elemente gehören in Ihre
wissenschaftliche Arbeit! 20

Tipp 10: Diese Informationen gehören auf das
Titelblatt 21

Tipp 11: So ist das Inhaltsverzeichnis aufgebaut! 22

Tipp 12: Das macht ein gutes
Abbildungsverzeichnis aus! 25

Tipp 13: So punkten Sie auch mit dem
Abkürzungsverzeichnis! 26

Tipp 14: Achten Sie auf die formalen
Bestimmungen Ihrer Ausarbeitung! 28

3

Tipp 15: So sieht Ihr Literaturverzeichnis aus! 30

Tipp 16: Zitieren Sie richtig! 35

Tipp 17: Liefern Sie einen sinnvollen Anhang! 39

Tipp 18: Vermeiden Sie Rechtschreib- und
Zeichensetzungsfehler! 40

Tipp 19: Vermeiden Sie unbedingt und
ausnahmslos Plagiate! 41

Tipp 20: Lassen Sie sich betreuen! 42

Impressum 43

Vorinformationen

Das wissenschaftliche Arbeiten stellt einen systematischen Prozess dar, bei dem die Arbeitsergebnisse objektiv nachzuvollziehen bzw. reproduzierbar sind. Das bedeutet insbesondere, das Quellen offengelegt und Experimente anschaulich beschrieben werden, so dass sie zumindest prinzipiell von anderen wiederholt werden können. Darüber hinaus muss zu sehen sein, auf Basis welcher Daten, Fakten und Annahmen bzw. Beweisen gearbeitet wird. Die wissenschaftliche Arbeit entspricht der Dokumentation dieses Prozesses bzw. der Prozessergebnisse. In einem Studium werden meist mehrere wissenschaftliche Arbeiten verlangt, darunter sogenannte Studien- bzw. Seminararbeiten, Haus- und Projektarbeiten und vor allem Abschlussarbeiten in Form einer Bachelor oder Master Thesis. Das Verfassen einer wissenschaftlichen Ausarbeitung fällt vielen Studierenden beim ersten Mal sehr schwer: Wo soll man anfangen? Wie ist die Arbeit aufzubauen? Welche formalen Regeln sind zu beachten? Nachfolgend werden Ihnen 20 Tipps gegeben, worauf Sie bei der Erstellung einer Hausarbeit, einer Studienarbeit, einer Seminararbeit oder einer Thesis achten sollten. Die formalen Gesichtspunkte entsprechen dabei weitgehend dem Leitfaden der wirtschaftswissenschaftlichen Fakultät der Hochschule für Technik und Wirtschaft des Saarlandes htw saar, an der ich arbeite.

Tipp 1: Finden Sie ein geeignetes Thema!

Die Themenfindung ist der erste wichtige Schritt einer wissenschaftlichen Arbeit im Studium. Das Thema muss den Studierenden interessieren, am besten brennend interessieren. Wer sich für ein Thema begeistern kann, liefert meist auch eine bessere Leistung. Aber auch den Betreuer/die Betreuerin an der Hochschule sollte sich mit dem Thema identifizieren können. Sprechen Sie deshalb ein mögliches Thema immer mit dem Dozenten/der Dozentin der Hochschule ab!

Wenn Sie nicht wissen, welches Thema für Sie überhaupt in Frage kommt, sollten Sie sich vorab klar darüber werden, wofür Sie sich überhaupt grundsätzlich interessieren. Am besten, Sie recherchieren einmal in Fachzeitschriften oder generell in der Bibliothek Ihrer Hochschule. An vielen Hochschulen werden sogar Thesis-Arbeiten in der Bibliothek gesammelt, so dass sie auch darüber Anregungen finden können. Vermeiden Sie Themen, die Ihnen bei Ihrer Recherche immer wieder begegnen. Diese sind nur wenig interessant, da es schon sehr viele Informationen dazu gibt. Zwar müssen Sie das Rad nicht neu erfinden, Sie können aber eher Interesse für Ihre Arbeit wecken, wenn Sie einen Sachverhalt bearbeiten, der noch Raum für Neues lässt.

Bei einer Thesis passt das Thema idealerweise zu Ihrem späteren Arbeitsfeld. Dann sind Sie beim Schreiben meistens besonders motiviert, um eine gute Leistung zu erbringen. Außerdem wird das Thema der Thesis häufig auf Ihrem Abschlusszeugnis ausgewiesen. Bei sonstigen schriftlichen Studienarbeiten (Seminararbeiten, Projektarbeiten) ist das Thema hingegen meist nicht auf dem Zeugnis zu erkennen.

Oft wird auch empfohlen, das Thema nicht zu allgemein zu halten, sondern eine präzise Formulierung zu finden. Das wird Ihnen dabei helfen, das Wissensfeld einzugrenzen und Ihre Arbeit auf den Punkt zu bringen.

Generell bietet sich an, ein Themenfeld zu bearbeiten, das Ihnen nicht gänzlich neu ist. Vorkenntnisse helfen Ihnen dabei, ein Konzept für Ihre Ausarbeitung zu erstellen.

Tipp 2: Führen Sie eine umfassende Recherche durch!

Wenn Sie erst einmal ein Thema oder zumindest ein Themenfeld für Ihre wissenschaftliche Arbeit identifiziert haben, beginnt der Part der Recherche. Sie benötigen möglichst reichhaltige Informationen. Das Internet kann Ihnen dazu auch als Quelle dienen, Sie sollten Ihre spätere Arbeit jedoch nicht nur auf Internetquellen stützen. Nutzen Sie wissenschaftliche Datenbanken und vor allem auch die Bibliotheken an Ihrer Hochschule, um sich ein Bild von der Quellenvielfalt zu machen, die Ihnen zur Verfügung steht. Eine gute Übersicht zu wissenschaftlichen Datenbanken bietet Ihnen die Universität Augsburg. Verfolgen Sie dazu den Link https://www.bibliothek.uni-augsburg.de/fachinformation/wirtschaftswiss/Schnellzugriff_Datenbanken/. Auch wikipedia kann Ihnen Hinweise auf geeignete Quellen bieten, da wikipedia inzwischen einen Großteil seiner Einträge selbst mit Quellen belegt. Wikipedia selbst wird nach wie vor von zahlreichen Betreuern als geeignete Quelle abgelehnt oder ist zumindest umstritten. Generell sollten Sie sich gerade bei

9

Internetseiten fragen, aus denen Sie Ihre Informationen gewinnen, wie vertrauenswürdig diese sind.

Ihre Quellenarbeit wird während des gesamten Schreibprozesses nie wirklich abgeschlossen sein, bis Sie Ihrer Arbeit den letzten Schliff verpassen. Irgendwann müssen Sie einfach einmal einen Schlussstrich ziehen und den Rechercheprozess beenden. Bis dahin gilt es, jede nützliche Information zu nutzen, die Ihnen weiterhelfen kann.

Ihre Literaturrecherche beginnt idealerweise bereits vor der Festlegung des eigentlichen Themas. Sie sollten nämlich sicherstellen, dass Sie ausreichend Quellen finden, die Sie zu Ihrer wissenschaftlichen Arbeit heranziehen können.

Tipp 3: Erstellen Sie ein Grobkonzept Ihrer Ausarbeitung!

Grundsätzlich besteht jede wissenschaftliche Arbeit aus einer Einleitung, einem Hauptteil und einem Schluss. Die Begriffe Einleitung, Hauptteil, Schluss sollten Sie später aber in Ihrer Gliederung vermeiden. Stattdessen sollten Sie aussagekräftige Überschriften entwickeln, die den Inhalt der jeweiligen Kapitel treffend beschreiben. Ihr Hauptteil besteht so in der Regel aus mehr als einem einzigen Kapitel.

Aus Ihrem Grobkonzept sollte der Rote Faden Ihrer Ausarbeitung zu erkennen sein. Die tatsächliche Gliederung und die tatsächlichen Kapitelüberschriften ergeben sich letztlich erst beim Schreiben der Texte, aber das Grobkonzept hilft Ihnen dabei, dass Sie sich nicht in Details verlieren, sondern mit Ihren Aussagen auf den Punkt kommen. Einleitung und Schluss machen in der Regel nicht mehr als jeweils 10 Prozent Ihrer Arbeit aus.

Tipp 4: So überzeugt die Einleitung einer wissenschaftlichen Arbeit!

Die Einleitung einer wissenschaftlichen Arbeit hat zwei unverzichtbare Teile: Einerseits müssen Sie Ihr Thema motivieren, andererseits den Aufbau Ihres Textes erläutern.

Damit Sie Ihr Thema motivieren können, machen Sie deutlich, welcher Fragestellung Sie nachgehen und warum diese Fragestellung überhaupt von Interesse ist. Bei unternehmenspraktischen Fragestellungen in den Wirtschaftswissenschaften fällt dies meist leicht, bei Literaturarbeiten dagegen eher schwerer. Dem Leser sollte schon in der Einleitung klar waren, warum es sich lohnt, die Arbeit zu lesen. Stellen Sie dazu durchaus die wichtigsten Thesen Ihrer Arbeit dar (und vielleicht sogar die Ergebnisse). Vermeiden Sie aber unbedingt allgemein gehaltene Phrasen wie „aufgrund der Globalisierung" oder „durch den allgemeinen Kostendruck". Solche Äußerungen hat Ihr Leser (Betreuer, Gutachter) möglicherweise schon sehr häufig gelesen und wird Ihre Arbeit so schnell als Massenware einordnen.

Den Aufbau Ihres Textes sollten Sie darstellen, damit der Leser sich ein schnelles Bild davon machen kann, was ihn in den einzelnen Kapiteln erwartet. Hier haben Sie auch die ideale Gelegenheit, Ihren Roten Faden von Anfang an klar zu machen.

Häufig wird die Einleitung erst geschrieben, wenn der Rest der wissenschaftlichen Arbeit steht. Am Ende der wissenschaftlichen Arbeit fällt es nämlich meist viel leichter, den Aufbau des Textes zu formulieren oder die wichtigsten Thesen zu bezeichnen.

Tipp 5: Ohne logische Konsistenz kommt der Hauptteil Ihrer Arbeit nicht aus!

Der Inhalt des Hauptteils Ihrer Ausarbeitung lässt sich viel weniger standardisieren als derjenige Ihrer Einleitung. Ihre Darstellung ist hier viel stärker durch die Themenstellung vorgegeben. Analysieren Sie einen Istzustand, entwickeln Sie ein Zielkonzept, und formulieren Sie dazu ein Sollkonzept? Dann haben Sie automatisch die Kapitelreihenfolge Ihres Hauptteils gefunden. Schwieriger ist das bei rein deskriptiven (also beschreibenden) Ausarbeitungen. Im Grunde können Sie aber bei allen wissenschaftlichen Ausarbeitungen dem Plan-Do-Check-Act-Konzept des Managements im übertragenen Sinne folgen. Am Anfang sollten Sie darstellen, was Sie mit Ihrer Ausarbeitung erreichen wollen (plan). Dazu sollten Sie beschreiben, welche Gegebenheiten Sie vorfinden, also einen aktuellen Stand der Diskussion wiedergeben (do). Auf dieser Basis können Sie das Veränderungspotenzial ermitteln (check) und dieses dann in ein neues Soll-Konzept bzw. Zielsystem überführen (act). Versuchen Sie, die einzelnen Kapitel Ihres Hauptteils mit Worten zu verbinden. Schaffen Sie also Überleitungen von Kapitel zu Kapitel, um so den Roten Faden erneut kenntlich zu machen. Ihre Arbeit muss logisch konsistent aufgebaut sein! In diesem Zusammenhang ist es auch hilfreich, nicht zu viele Unterkapitel zu bilden. Wenn Sie Ihren Text zu stark (mit eigenen Unterkapiteln) untergliedern, geht der Lesefluss verloren, und einzelne Kapitel oder Teilkapitel hängen in der Luft.

Dem wissenschaftlichen Anspruch genügen Sie übrigens in idealer Weise, wenn Sie sich ein breites Bild von der Diskussion zu Ihrem Thema machen und nicht von Beginn an nur einen einzigen Ansatz verfolgen. Schauen Sie einmal über den Tellerrand, und blicken Sie auch auf Thesen oder Meinungen, die nicht direkt zu Ihrem Ansatz oder zu Ihrer Auffassung passen.

Tipp 6: Schreiben Sie ein spannendes Schlusskapitel!

Das Schreiben von Zusammenfassungen ist heutzutage nicht mehr üblich. Gerne können Sie noch einmal die wichtigsten Aussagen Ihrer Arbeit aufgreifen, aber den Leser interessiert jetzt viel mehr, was er von Ihren Ergebnissen zu erwarten hat. Schreiben Sie also ein Fazit (eine Schlussfolgerung), zeigen Sie auf, welche Schritte als nächstes sinnvoll sein könnten, oder sprechen Sie Handlungsempfehlungen für die Zukunft aus. Das Schlusskapitel bietet Ihnen auch Raum für eine eigene Meinung. Gerade wenn Sie eine Ausarbeitung erstellen, die benotet wird, denken Sie daran, dass das Schlusskapitel häufig Ihrem Gutachter am besten in Erinnerung ist, da er es als Letztes gelesen hat.

Tipp 7: Bleiben Sie stets plausibel und nachvollziehbar!

Grundsätzlich gilt, Sie sind der Experte, und der Leser kann von Ihnen bzw. von Ihrem Text etwas lernen. Gerade auch deshalb sollten Sie stets darum bemüht sein, in Ihren Aussagen plausibel und nachvollziehbar zu sein. Wenn der Leser einmal etwas nicht versteht, ist das noch akzeptabel, aber beim zweiten oder dritten Mal steigt er gedanklich aus. Und gerade bei einer wissenschaftlichen Arbeit im Rahmen eines Studiums sollten Sie dies vermeiden. Ein Dozent, der Sie nicht versteht, wird Ihre Arbeit niemals besonders positiv bewerten.

Tipp 8: Achten Sie auf das durchgängige Layout Ihrer Arbeit!

Nicht nur Studierende des Marketings wissen um die Kraft der Verpackung. Es ist wissenschaftlich in empirischen Studien ermittelt worden, dass Orangensaft aus einer ansprechend gestalteten Flasche viel besser schmeckt als der identische Saft aus einer einfachen Glasflasche! Das gilt im übertragenen Sinne auch für Ihre Ausarbeitung. Sie können den Text einfach runterschreiben. Das wirkt aber unprofessionell. Nutzen Sie deshalb optische Hilfsmittel: Bilden Sie Absätze, arbeiten Sie mit Fett- oder Kursivdruck, entscheiden Sie sich auch einmal für eine Unterstreichung. Am wichtigsten aber ist: Halten Sie das einmal gewählte Layout ein. Bleiben Sie also konsistent. Die meisten wissenschaftlichen Ausarbeitungen werden in Blocksatz geschrieben. Achten Sie darauf, dass Ihr Textverarbeitungssystem nicht plötzlich zu Flatterrand wechselt. Bauen Sie sinnvolle Abbildungen in Ihren Text ein, wenn Sie mit Ihrer Abbildung einen textlichen Sachverhalt veranschaulichen können. Eine Abbildung aufzunehmen, rechtfertigt nicht, dass Sie im Text nicht weiter darauf eingehen müssen. Ganz im Gegenteil, Abbildungen sollten auch inhaltlich einbezogen werden. Und erstellen Sie grundsätzlich alle Abbildungen selbst. Diese gelten ansonsten als Großzitate. Sie müssen den Urheber um Erlaubnis fragen, wenn Sie eine Abbildung einfach kopieren wollen. Die Angabe des Urhebers alleine in einer Quelleninformation reicht nicht aus. Außerdem verfolgt jeder Urheber einen eignen Stil. Wenn Sie dessen Abbildung einfach so übernehmen, besteht die Gefahr, dass sie optisch nicht zum Rest Ihrer Ausarbeitung passt.

Tipp 9: Diese formalen Elemente gehören in Ihre wissenschaftliche Arbeit!

Eine wissenschaftliche Ausarbeitung weist meist folgende Bestandteile auf:

- Titelblatt
- Inhaltsverzeichnis
- Abbildungsverzeichnis (soweit Abbildungen enthalten sind)
- Abkürzungsverzeichnis (soweit Abkürzungen enthalten sind, die nicht im Duden aufgeführt sind)
- Eigentlicher Text der Arbeit
- Literaturverzeichnis
- Anhang (soweit 9 erforderlich)
- Ggf. Erklärung, dass Sie die Arbeit selbständig verfasst haben

Orientieren Sie sich an dieser Auflistung. Möglicherweise hat Ihre Hochschule hier noch spezielle Anforderungen. Klären Sie diese von Beginn an mit Ihrem Betreuer ab. So orientieren Sie auch in diesem Buch die formalen Hinweise an den Anforderungen der Fakultät für Wirtschaftswissenschaften an der Hochschule für Technik und Wirtschaft des Saarlandes

Tipp 10: Diese Informationen gehören auf das Titelblatt.

Auf das Titelblatt einer wissenschaftlichen Arbeit gehören folgende Informationen:

- Name der Hochschule
- Fakultät
- Studiengang
- Thema
- Ihr Name
- Ihre Anschrift
- Ihre E-Mail-Adresse
- Ihre Matrikel-Nr.
- BetreuerIn
- Abgabedatum

Oft bietet Ihnen die Hochschule hier auch gesonderte Informationen dazu an, wie das Titelblatt im Einzelfall auszusehen hat. Möglicherweise gibt es spezielle Layout-Vorschriften. Wenn Sie das Logo der Hochschule einbauen, achten Sie darauf, dass Sie es korrekt verwenden und dass es aktuell ist. Mit den oben genannten Hinweisen dürften Sie inhaltlich im Regelfall aber vollständige Informationen liefern.

Tipp 11: So ist das Inhaltsverzeichnis aufgebaut!

Die Gliederungspunkte des Inhaltsverzeichnisses müssen sich wörtlich mit den Überschriften der jeweiligen Textteile decken. Das erreichen Sie zum Beispiel bei einem elektronischen Textverarbeitungssystem dadurch, dass Sie Überschriften entsprechend formatieren. Die Abschnitte sind dekadisch (in der Regel) mit arabischen Ziffern zu gliedern. Verzeichnisse sollten römische Ziffern erhalten. Der Anhang ist in der Regel mit Anhang A, Anhang B... zu bezeichnen. Die jeweiligen Gliederungspunkte sind mit Seitenangaben zu versehen. Verzeichnisse, die vor der Einleitung stehen, erhalten in der Regel keine Seitenzahl. Die Seitenzahlen werden fortlaufend nummeriert, beginnend mit S.1 bei Einleitung. Auch das Literaturverzeichnis und der Anhang erhalten Seitenzahlen (siehe Beispiel).

Beispiel:

I Inhaltsverzeichnis

II Abbildungsverzeichnis

1 Einleitung   1

2 Überschrift zu 2   2

2.1 Überschrift zu 2.1   2

2.1.1 Überschrift zu 2.1.1   2

2.1.2 Überschrift zu 2.1.2   4

2.2 Überschrift zu 2.2   7

usw.

III Literaturverzeichnis   80

Anhang A   101

Anhang B   110

usw.

Titelblatt und Erklärung werden im Inhaltsverzeichnis nicht erwähnt und erhalten keine Seitenzahl. Achten Sie auch darauf, dass laut Duden hinter der letzten Ziffer einer Kapitelnummer **kein** Punkt steht. Vermeiden Sie in Überschriften generell auch Abkürzungen. Diese sind im Zweifel für den Leser auch gar nicht verständlich, wenn er Ihr Inhaltsverzeichnis betrachtet, um zu sehen, wie Sie Ihren Text aufgebaut haben. Übrigens: Der Duden, das Wörterbuch der deutschen Sprache, ist ein unverzichtbares Hilfsmittel, wenn Sie eine wissenschaftliche Arbeit erstellen. Dort gibt es vor dem Buchstaben A auch sehr viele Hinweise zur Zeichensetzung...

Tipp 12: Das macht ein gutes Abbildungsverzeichnis aus!

Das Abbildungsverzeichnis gibt dem Leser einen schnellen Überblick über die in der Ausarbeitung enthaltenen Abbildungen (Grafiken, Tabellen usw.). Diese sind im Text in der Regel zu nummerieren (durchgängig oder kapitelbezogen) und mit einem Titel zu versehen. Das Abbildungsverzeichnis enthält Nummer und Titel der Abbildungen mit der zugehörigen Seitenzahl. Die Abbildungen selbst gehören jedoch nicht in das Abbildungsverzeichnis. Sie sind Bestandteil des eigentlichen Textes der Ausarbeitung und werden im Abbildungsverzeichnis lediglich benannt.

Tipp 13: So punkten Sie auch mit dem Abkürzungsverzeichnis!

Abkürzungen sind in wissenschaftlichen Ausarbeitungen grundsätzlich sparsam zu verwenden. Lediglich gebräuchliche Abkürzungen dürfen anstelle der Vollform verwendet werden. Ausdrücke wie „unter Umständen", oder „mit anderen Worten" sollten im Regelfall ausgeschrieben werden. Bei der Verwendung nicht allgemein bekannter Abkürzungen ist der Arbeit ein Abkürzungsverzeichnis beizufügen, in dem diese (und auch nur diese) Abkürzungen mit Volltext erläutert sind. Abkürzungen, die bereits im Duden als Bestandteil der deutschen Sprache erwähnt werden, gehören somit nicht in das Abkürzungsverzeichnis. Die verwendeten Abkürzungen sind im Abkürzungsverzeichnis übrigens alphabetisch zu sortieren.

Generell gilt, wenn Sie in Ihrer Ausarbeitung eine Abkürzung einführen wollen, müssen Sie bei deren erster Verwendung den vollständigen Begriff notieren, z.B.: Hochschule für Technik und Wirtschaft (HTW). Von nun an dürfen Sie im gesamten weiteren Verlauf immer die Abkürzung

(HTW) verwenden. Vergisst der Leser die Bedeutung der Abkürzung und will sie noch einmal nachschlagen, kann er dies mittels des Abkürzungsverzeichnisses tun und muss nicht in der gesamten Ausarbeitung suchen, wo die Abkürzung eingeführt wurde.

Tipp 14: Achten Sie auf die formalen Bestimmungen Ihrer Ausarbeitung!

Der Text Ihrer Arbeit sollte innerhalb der einzelnen Gliederungspunkte sinnvoll durch Absätze gegliedert werden. Für das Schriftbild gilt Folgendes:

Der Text ist mit einem Textverarbeitungsprogramm zu erstellen. Es ist DIN A 4 Hochformat zu wählen. Als Schrifttyp wird häufig Times New Roman 12, Arial 11 oder Arial 12 gewählt. Grundsätzlich wird meist Blocksatz gegenüber Flatterrand bevorzugt. Die Abstände vom rechten, oberen und unteren Seitenrand sollten angemessen sein. Der linke Seitenrand wird häufig etwas großzügiger gewählt, wenn die Arbeit gebunden wird. Meist ist ein 1,5-facher Zeilenabstand zu wählen. Das fördert die Lesbarkeit des Textes. Hervorhebungen können fett oder kursiv gekennzeichnet werden.

Möglicherweise hat Ihre Hochschule oder Ihr Betreuer an dieser Stelle besondere Wünsche oder Vorstellungen. Sprechen Sie deshalb Ihren Betreuer unbedingt darauf an. Es gibt immer wieder Studierende, denen fällt es schwer, flüssig zu schreiben. Dieses Defizit lässt sich auch nicht durch ein paar wenige wissenschaftliche Ausarbeitungen beheben, so dass die daraus resultierenden Punktverluste kaum zu vermeiden sind. Formale Defizite sind jedoch immer vermeidbar.

Tipp 15: So sieht Ihr Literaturverzeichnis aus!

Im Literaturverzeichnis sind alle benutzten Quellen in alphabetischer Reihenfolge der Autoren aufzuführen. Denken Sie daran, wirklich nur die benutzten Quellen aufzunehmen und alles, was Sie gelesen haben. Die beiden gängigsten Zitierstile in Deutschland sind der APA (American Psychological Association) Style und der Harvard Style; es können aber auch andere Zitierstile gewählt werden. Wichtig ist, dass ein einmal gewählter Zitierstil in der gesamten Ausarbeitung konsequent beibehalten wird.

Beispiele zum Literaturverzeichnis nach dem APA Style

Selbstständige Bücher und Schriften:

Wöhe, G. (2008). Einführung in die allgemeine Betriebswirtschaftslehre. 23. Aufl. München: Vahlen.

Foscht, T. & Swoboda, B. (2007). Käuferverhalten: Grundlagen - Perspektiven - Anwendungen. 3. Aufl. Wiesbaden: Gabler.

Balzert, C.J. u.a. (2008). Wissenschaftliches Arbeiten: Wissenschaft, Quellen, Artefakte, Organisation, Präsentation, Birkach: W3L.

Beiträge in Sammelwerken:

Behrens, G. & Neumaier, M. (2004). Der Einfluss des Unbewussten auf das Konsumentenverhalten, in: Gröppel-Klein, A. (Hrsg.): Konsumentenverhalten im 21. Jahrhundert, Wiesbaden: Gabler, S. 3-29.

Name, Vorname in Initialen (Erscheinungsjahr). Titel. (Auflage). Erscheinungsort: Verlag.

Beiträge in Zeitschriften:

Horvath, P. & Kaufmann, L. (1998). Balanced Scorecard: Ein Werkzeug zur Umsetzung von Strategien, in: Harvard Business Manager, Vol. 5, S. 24-31.

Beiträge aus dem Internet:

Spiegel Online Wirtschaft (o.J). Merkel verspricht schnelle Lösung für Hypo Real Estate, Abruf am 05.10.2008,

31

http://www.spiegel.de/wirtschaft/0,1518,582283,00.
html.

Beispiele zum Literaturverzeichnis nach dem Harvard Style

Selbstständige Bücher und Schriften:

Wöhe, G 2008, Einführung in die allgemeine Betriebswirtschaftslehre, 23. Aufl., Vahlens, München.

Foscht, T & Swoboda, B 2007, Käuferverhalten: Grundlagen - Perspektiven - Anwendungen, 3. Aufl., Gabler, Wiesbaden.

Balzert, CJ u.a. 2008, Wissenschaftliches Arbeiten: Wissenschaft, Quellen, Artefakte, Organisation, Präsentation, W3L, Birkach.

Beiträge in Sammelwerken:

Behrens, G & Neumaier, M 2004, `Der Einfluss des Unbewussten auf das Konsumentenverhalten`, in A. Gröppel-Klein (Hrsg.), Konsumentenverhalten im 21. Jahrhundert, Deutscher Universitätsverlag, Wiesbaden, S. 3-29.

Beiträge in Zeitschriften:

Horvath, P & Kaufmann, L 1998, `Balanced Scorecard: Ein Werkzeug zur Umsetzung von Strategien`, in Harvard Business Manager, Vol. 5, S. 24-31.

Beiträge aus dem Internet:

Spiegel Online Wirtschaft o.J., `Merkel verspricht schnelle Lösung für Hypo Real Estate`,

Abruf am 05.10.2008, http://www.spiegel.de/wirtschaft/0,1518,582283,00.html.

Noch ein paar ergänzende Tipps zur Quellenarbeit:

- Internetquellen sind unbedingt auf Glaubwürdigkeit hin zu untersuchen und zu hinterfragen.
- Internetquellen sollten in elektronischer oder gedruckter Form mit der Arbeit abgeben werden.
- Bei mehr als drei Verfassern einer Quelle ist der erste Verfasser mit dem Vermerk u.a. (und andere) zu erwähnen.

- Kann kein Verfasser angegeben werden, so beginnt die Zitation mit dem Vermerk o.V. (ohne Verfasser).

- Kann kein Erscheinungsort angegeben werden, so ist der Vermerk o.O. (ohne Ort) zu verwenden.

- Kann kein Erscheinungsjahr angegeben werden, so ist der Vermerk o.J. (ohne Jahr) zu verwenden.

- Wird ein Sammelwerk als Ganzes zitiert, so ist wie bei selbstständigen Büchern und Schriften zu verfahren. An die Stelle des Autorennamens tritt der Name des Herausgebers, z.B.: Gröppel-Klein, A (Hrsg.) 2004, Konsumentenverhalten im 21. Jahrhundert, Deutscher Universitätsverlag, Wiesbaden.

- Werden Zitate aus „zweiter Hand" übernommen, weil das Original nicht zugänglich ist, so sind im Literaturverzeichnis die ursprüngliche und die tatsächliche Quelle anzugeben: Schneider, R 1797, Die Stellung des Menschen im Kosmos, Halle, S. 181, zitiert bei: Messner, F 1917, Historische Darstellung anthropologischer Systeme, Berlin, S. 217.

Tipp 16: Zitieren Sie richtig!

Wörtlich entnommene Stellen werden im Text der Arbeit durch ein „..." gekennzeichnet. Der Herkunftsnachweis wird nach APA Style mit einer Fußnote oder nach Harvard Style im Text mit Klammern (nach Harvard) gegeben. Zur besseren Übersichtlichkeit wird die verkürzte Zitierweise (=Kurzbeleg) empfohlen.

Ein wörtliches Zitat muss mit dem Original in allen Einzelheiten übereinstimmen. Wörtlich sollte nur dann zitiert werden, wenn es auf den genauen Wortlaut des Textes ankommt; das ist z.B. der Fall bei Definitionen oder dann, wenn der Text interpretiert wird. Bei fremdsprachlichen Zitaten erfolgt die Wiedergabe in dieser Sprache.

Sinngemäße Entlehnungen (keine wörtlichen, sondern nur inhaltlich ähnliche Textübernahmen: indirektes Zitat) sind ebenfalls zu belegen. Jeder übernommene Gedanke ist zu belegen, sonst liegt ein Plagiat vor. Indirekte Zitate unterscheiden sich formal von direkten Zitaten durch das Fehlen von Anführungszeichen im Text der Arbeit und durch den Zusatz vgl. im Kurzbeleg. Bezieht sich das Zitat über zwei Seiten, so ist der Seitenzahl ein f.

für folgende anzufügen. Bezieht sich das Zitat auf mehr als zwei Seiten, so ist ein ff. für fortfolgende anzufügen.

Der APA Style

Dem Zitat ist eine hochgestellte laufende arabische Ziffer zuzuordnen, die auf die zugehörige Fußnote verweist. Die Fußnote steht ganz unten auf der gleichen Seite wie das Zitat.

Beispiel für ein wörtliches Zitat:

"Planung, Kontrolle, Organisation, Personalführung und Informationsversorgung bilden die Kernelemente des betrieblichen Führungssystems." Wöhe (2008), S. 34.

Beispiel für ein sinngemäßes Zitat:

Nach Wöhe ist es die Aufgabe des Controllings die Kernbereiche eines Unternehmens aufeinander abzustimmen.

Vgl. Wöhe (2008), S. 34ff.

Mehrere Veröffentlichungen eines Autors in einem Jahr:

Existieren vom gleichen Verfasser im gleichen Jahr mehrere Veröffentlichungen, so ist die Jahreszahl um einen Buchstaben zu ergänzen, z.B.: Scheer (2009a), S. 10.

Der Harvard Style

Der Kurzbeleg wird direkt im Text gegeben und durch Klammern abgetrennt.

Beispiel für ein wörtliches Zitat:

"Planung, Kontrolle, Organisation, Personalführung und Informationsversorgung bilden die Kernelemente des betrieblichen Führungssystems" (Wöhe 2008, S. 34).

Beispiel für ein sinngemäßes Zitat:

Nach Wöhe ist es die Aufgabe des Controllings die Kernbereiche eines Unternehmens aufeinander abzustimmen (vgl. Wöhe 2008, S. 34f.).

Mehrere Veröffentlichungen eines Autors in einem Jahr:

Existieren vom gleichen Verfasser im gleichen Jahr mehrere Veröffentlichungen, so ist die Jahreszahl um einen Buchstaben zu ergänzen, z.B.: (Scheer 2009a, S. 10.).

Grundsätzlich ist es kein Fehler, die korrekten Quellen in einer wissenschaftlichen Ausarbeitung anzugeben. Sie kennzeichnen damit, wer der Urheber des Gedankens ist. Natürlich haben Sie auch nicht erfunden, dass zwei plus drei fünf ergibt. Sie sind also nicht Urheber dieser Rechnung. Wenn das Wissen als Allgemeingut gilt, brauchen Sie keine Quelle anzugeben. In wissenschaftlichen Texten ist eine Abgrenzung manchmal schwierig. Wenn Sie keinen konkreten Urheber angeben können, sondern den von Ihnen erwähnten Gedanken in zahlreichen Quellen finden, ist dies meist der Hinweis darauf, dass es sich eher um ein Allgemeingut handelt, das nicht zitiert werden muss. Wenn Sie sich unsicher sind, geben Sie jedoch lieber eine Quelle zu viel als zu wenig an.

Tipp 17: Liefern Sie einen sinnvollen Anhang!

Umfangreiche (d.h. mehr als eine Seite einnehmende) Tabellen, Statistiken, Organisationspläne usw. sollten am Ende Ihrer Ausarbeitung in einem gesonderten Anhang wiedergegeben werden, damit der textliche Zusammenhang nicht zerrissen wird. Der Anhang sollte übersichtlich gestaltet werden. Soweit der Umfang des Anhangs es erfordert, sollte dafür eine eigene Inhaltsübersicht erstellt werden. Im Text ist an den entsprechenden Stellen auf den Anhang zu verweisen (Seitenangabe und gegebenenfalls Nummerierung). Generell kann man sagen, dass Inhalte des Anhangs häufig nice to have, aber nicht essentiell für die Aussagekraft Ihrer Ausarbeitung sind. Es kann durchaus sein, dass Sie in Ihrer wissenschaftlichen Ausarbeitung ohne Anhang auskommen.

Tipp 18: Vermeiden Sie Rechtschreib- und Zeichensetzungsfehler!

Es sollte Ihnen eigentlich klar sein. Kommas können Leben retten, wie die Aussage „Wie essen jetzt, Opa." zeigt. Ohne Komma würde es dem Opa nicht wirklich gut gehen. Aber ganz im Ernst: Wenn Ihr Text zu viele Kommafehler aufweist, wird er schwierig lesbar. Und das führt oft dazu, dass der Leser eine schlechte Meinung von der Qualität Ihrer Ausarbeitung bekommt. Entsprechendes gilt auch für die Rechtschreibung. Wenn Sie sich unsicher sind, ziehen Sie immer wieder den Duden zu Rate. Dort wird Ihnen geholfen. Und in den meisten Fällen ist es auch erlaubt, dass Sie Ihre Arbeit auf sprachliche Mängel hin Korrektur lesen lassen. Das sollte dann aber jemand erledigen, der die Sprache sicherer beherrscht als Sie.

Tipp 19: Vermeiden Sie unbedingt und ausnahmslos Plagiate!

Plagiate sind ohnehin verboten. Ein Plagiat entsteht, wenn Sie einen Text wörtlich oder inhaltlich übernehmen, ohne auf die Quelle zu verweisen. Wenn Ihnen das in Ihrer Ausarbeitung einmal passiert, wird das sicherlich nicht direkt zum Problem. Aber Sie dürfen auf keinen Fall Arbeiten vollständig übernehmen. Und in einem Studium dürfen Sie Ihre Arbeit auch nicht von einem Ghostwriter erstellen lassen. Das ist Dokumentenfälschung. Deshalb müssen Sie auch an vielen Hochschulen inzwischen am Ende Ihrer Ausarbeitung eine Erklärung abgeben, dass Sie die Arbeit selbständig angefertigt haben. Und manche Hochschulen gehen auch so weit, dass sie sich von Ihnen unterschreiben lassen, dass sie Ihre Arbeit mit Plagiatssoftware prüfen lassen dürfen. Aber meist genügt schon die Eingabe einer kritischen Textpassage in eine der bekannten Suchmaschine, um das Original zu finden.

Tipp 20: Lassen Sie sich betreuen!

Eigentlich sollte es eine Selbstverständlichkeit für Sie sein, sich beim Schreiben einer wissenschaftlichen Arbeit an einer Hochschule betreuen zu lassen. Dennoch meiden manche Studierende diese Möglichkeit, da sie mit Aufwand verbunden sein kann, wenn der Betreuer bestimmte (zusätzliche) Wünsche hat. Generell gilt aber: Was Sie mit Ihrem Betreuer abgesprochen haben, kann dieser Ihnen im Nachhinein nicht mehr vorwerfen. Deshalb sollten Sie aktiv werden. Das bedeutet nicht, dass Sie jede Kleinigkeit absprechen müssen. Aber halten Sie Ihren Betreuer immer auf dem Laufenden. Sprechen Sie mit ihm die Gliederung Ihrer Arbeit durch, zeigen Sie ihm erste Textpassagen, und bitten Sie ihm um Feedback. Sprechen Sie ihn auch auf die formalen Gestaltungsmöglichkeiten Ihrer Arbeit an. Je mehr Sie im Vorfeld klären, umso weniger Fehler wird man Ihnen später nachweisen können.

Impressum

Sie erreichen mich unter folgender Adresse:

Prof. Dr. Stefan Georg

HTW des Saarlandes

Waldhausweg 14

66123 Saarbrücken

www.drstefangeorg.wordpress.com